Faits étonnants pour les Ados

Des faits intéressants que tu n'apprendras certainement pas à l'école

Carla Chaullieu

Tous les conseils contenus dans ce livre ont été soigneusement étudiés et examinés par l'auteur. Cependant, aucune garantie ne peut être donnée. Par conséquent, l'auteur décline toute responsabilité en cas de blessures, de dommages matériels ou de pertes financières.

Édition 2024

Introduction

Savais-tu que les requins du Groenland n'atteignent pas la puberté avant l'âge de 150 ans ?

Ou que les premiers nés obtiennent souvent des résultats nettement plus élevés aux tests de QI que les deuxièmes ou troisièmes nés ?

Dans ce livre, tu apprendras de nombreux faits passionnants mais aussi des connaissances inutiles sur des sujets qui t'intéressent vraiment.

Utilise tes nouvelles connaissances pour marquer des points à l'école, avec tes amis ou lors de la prochaine réunion de famille, et tu ne seras jamais à court de sujets de conversation.

Il y a 336 faits amusants sur des sujets tels que les médias sociaux, les influenceurs, la puberté, la génération Z, la mode, les jeux, la technologie et bien d'autres domaines intéressants de la vie.

Alors installe-toi confortablement, assieds-toi et dévore les informations de ce livre, qui te laissera sans doute songeur.

Catégorie : Médias sociaux

1. La plateforme vidéo TikTok a été fondée en 2016 et était auparavant connue sous le nom de Musical.ly.

2. L'application compagnon de la plateforme TikTok a été téléchargée plus de 3 milliards de fois à ce jour.

3. Les utilisateurs de TikTok passent en moyenne environ 52 minutes par jour sur la plateforme. C'est beaucoup de temps, n'est-ce pas ?

4. Le sénégalo-italien Khabane Lame est celui qui compte le plus grand nombre d'abonnés sur TikTok. Il divertit plus de 162 millions d'utilisateurs avec des parodies et des vidéos drôles sur la plateforme.
L'influenceur Charli D'Amelio, originaire des États-Unis, suit en deuxième position avec 151 millions d'abonnés TikTok.

5 La Chine a sa propre version de TikTok. L'application s'appelle Douyin.

6 Le 16 juillet 2010, la première image a été publiée sur Instagram. Il s'agissait de la photo d'un chien postée par le fondateur Kevin Systrom.

7 Un post Instagram contient en moyenne 10,7 hashtags.

8 Parmi tous les utilisateurs d'Internet aux États-Unis, beaucoup utilisent les plateformes de médias sociaux suivantes : Facebook (74%), Instagram (60%), Facebook Messenger (60 %), Twitter (42 %), i Message (39 %), Snapchat (37 %) et Pinterest (37 %).

9 Lorsque Snapchat a été fondé en 2011, il s'appelait Picaboo. Ça a l'air mignon, non ?

10 IDans un sondage, 60 % des utilisateurs de Facebook ont déclaré qu'ils supprimeraient leur profil s'ils étaient payés 500 dollars pour le faire. Es-tu l'un d'entre eux ?

11 Le bouton J'aime de Facebook devait à l'origine s'appeler le bouton Awesome. Marc Zuckerberg a finalement décidé d'utiliser le bouton J'aime.

12 Ce n'est pas Kim Kardashian qui a le plus de followers sur Instagram, c'est le joueur de foot Cristiano Ronaldo. Il a 653 millions de followers.

Catégorie : Mobile et Internet

1. L'Internet existe depuis 1969, lorsque deux ordinateurs ont été reliés pour la première fois par une ligne téléphonique.

2. Cependant, le World Wide Web - ou www. en abrégé - tel que nous le connaissons aujourd'hui n'est accessible à tous que depuis 1993.

3. Sais-tu qu'environ 92 % des recherches effectuées dans le monde proviennent du moteur de recherche Google ? Les autres moteurs de recherche comme Bing ou Baidu n'arrivent pas à suivre.

4. Ce que l'on appelle le Darknet n'est pas géré par des serveurs centraux et ne peut pas être trouvé par les moteurs de recherche. Tu as également besoin du navigateur Tor.

5 Sais-tu qu'environ 70 % de tous les courriels envoyés sont des pourriels ? Hourra pour un filtre anti-spam efficace.

6 La première vidéo YouTube a été mise en ligne par le fondateur Jawed Karim en 2005 et s'intitule "Me in the zoo". Elle est toujours en ligne aujourd'hui sur sa chaîne.

7 Le mot de passe le plus couramment utilisé sur Internet est : 123456 - ce qui n'est ni très créatif ni très sûr.

8 Selon le développeur de GIF, le format d'image se prononce "JIFF".

9 Le premier SMS a été envoyé en 1992 et disait "Joyeux Noël".

10 lEn Finlande, le lancer de téléphone portable est un sport officiel.

11 Il y a 18 fois plus de bactéries sur les écrans de smartphones que sur les sièges de toilettes. Plutôt dégueulasse, non ?

12 La peur d'être injoignable en déplacement s'appelle la "nomophobie".

Catégorie : Netflix & Co.

1. La société Netflix a été fondée en 1997. Cependant, la diffusion de films en continu n'est possible que depuis 2007.

2. Le nom Netflix est composé des mots Net pour Internet et Flicks pour films, ce qui se traduit par films sur Internet.

3. Les films et les émissions sur Netflix sont organisés en plus de 76 000 catégories. En plus des catégories populaires comme la comédie et l'action, il y a aussi des catégories spéciales comme les moustaches cool.

4. 41 % des utilisateurs ne paient pas un centime à Netflix parce qu'ils partagent leur compte avec quelqu'un d'autre.

NETFLIX

5 Le dernier film auquel Walt Disney a participé est Le Livre de la jungle. Après cela, il est mort d'un cancer.

6 AlmoPresque tous les personnages de Disney sont des orphelins ou des demi-orphelins, ayant perdu l'un de leurs parents, voire les deux. La raison en est que Walt Disney lui-même a perdu sa mère lorsqu'il était enfant.

7 Walt Disney est la personne qui a remporté le plus d'Oscars. Il a en effet reçu un total de 26 Oscars au cours de sa carrière.

8 À propos, c'est Meryl Streep qui a remporté le plus grand nombre d'Oscars pour son jeu d'actrice. Il y en a eu au total 14.

NETFLIX

9 Aux États-Unis, Netflix et Amazon Prime Video sont aussi populaires l'un que l'autre. Max suit en troisième position.

10 La première vidéo à avoir dépassé le milliard de vues sur YouTube a été "Gangnam Style" de PSY en 2010.

11 Le jour du lancement, Disney+ a recruté 10 millions de nouveaux abonnés.

12 Environ 33 % de toutes les activités en ligne sont des flux vidéo.

NETFLIX

Catégorie : Génération Z

1. La génération Z est souvent qualifiée de natifs numériques. Ils utilisent en moyenne 6 appareils multimédias. En possèdes-tu également autant ?

2. 40 % de tous les adolescents de la génération Z jouent chaque jour à des jeux en ligne.

3. La génération Z représente 22,6 % de la population américaine.

4. 53 % des jeunes ont été persuadés d'acheter un produit par un influenceur. Es-tu l'un d'entre eux ?

5 La génération Z est souvent qualifiée de natifs numériques. Ils utilisent en moyenne 6 appareils multimédias. En possèdes-tu également autant ?

6 Les vidéos YouTube les plus populaires de la génération Z appartiennent aux catégories de la musique, des clips drôles et des vidéos " let's play ".

7 Près de 50 % des jeunes ont au moins un parent issu de l'immigration. Qu'en est-il pour toi ?

8 Les jeunes passent en moyenne 6 à 11 heures par jour sur un appareil média. C'est beaucoup de temps, n'est-ce pas ?

9 37 % de tous les adolescents ont suivi une psychothérapie.

10 Les membres de la génération Z sont familièrement appelés les zoomers.

11 98 % des adolescents possèdent un smartphone.

12 87% des zoomers possèdent un iPhone.

Catégorie : Musique

1. Il a été démontré qu'écouter de la musique en faisant de l'exercice améliore les performances athlétiques.

2. Pour la chanson "Happy Birthday to you", Warner Music recevra 5 500 dollars chaque jour.

3. Si tu veux mémoriser quelque chose, évite la musique. Il a été démontré qu'elle diminue la mémorisation.

4. Si tu fais écouter du heavy metal à des termites, elles mangent du bois deux fois plus vite. C'est fou, non ?

5 Justin Bieber a été découvert en 2008, alors qu'il était âgé de 13 ans, par un manager de musique qui avait remarqué ses vidéos sur YouTube.

6 Savais-tu que la musique forte te fait boire davantage ? Dans une étude, des hommes ont bu en moyenne 15 minutes de bière sans musique. Avec de la musique forte, ce temps a été réduit à 12 minutes.

7 La chanson la plus réussie à ce jour a été écrite par Bing Crosby en 1942. Le single "White Christmas" s'est vendu à 50 millions d'exemplaires.

8 La chanson "Umbrella" de Rihanna a été écrite à l'origine pour Britney Spears.

9 Mozart avait cinq ans lorsqu'il a composé son premier morceau.
Et toi, que faisais-tu quand tu avais cinq ans ? :)

10 En parlant d'enfants de 5 ans, Michael Jackson a lui aussi commencé sa carrière à l'âge de 5 ans. Il se produisait avec ses frères et sœurs sous le nom de Jackson 5.

11 Il y a un lycée plutôt cool à Brooklyn. En effet, c'est dans ce lycée que Jay-Z, Busta Rhymes et Notorious BIG sont allés à l'école.

12 Savais-tu qu'Elvis n'avait écrit aucune de ses propres chansons ?

Catégorie : école & éducation

1. Chaque génération d'adolescents a son propre argot de jeunes. En 2023, des expressions comme Salty : Je suis contrarié et Pari ! Oui ! sont à l'ordre du jour.

2. En Corée du Sud, on attend des élèves qu'ils restent pour aider à nettoyer la salle de classe après les cours.

3. Lorsque les enfants commencent l'école en Allemagne, ils reçoivent un cône en papier spécial appelé "Schultüte" rempli de bonbons.

4. Aux Pays-Bas, les enfants commencent l'école à l'âge de quatre ans. Les enfants commencent l'école le jour de leur anniversaire et ne commencent donc pas tous le même jour.

5 Savais-tu que les écoles allemandes proposent des cours facultatifs étranges comme la science des abeilles, le ballet aquatique ou la cryptologie ?

6 Plus de 32 000 élèves fréquentent l'école Montessori de Lucknow, en Inde, ce qui en fait la plus grande école du monde.

7 La plus petite école du monde est située à Turin, en Italie. Elle ne compte qu'un seul élève. Tu te sens bien seul, n'est-ce pas ?

8 En Russie, l'école commence toujours le 1er septembre - ce qu'on appelle le jour de la connaissance. Peu importe que ce jour tombe un jour de semaine ou un week-end.

9 Le mémoire le plus court a été présenté par un étudiant en médecine de Münster, en Allemagne. Il ne comportait que trois pages de texte plus un tableau et une figure.

10 En Allemagne, tu peux suivre des cours curieux tels que "Sciences appliquées des loisirs" ou "Hygiène personnelle pour les enseignants".

11 La plus grande université américaine est la Texas A&M University, qui compte plus de 70 000 étudiants.

12 La plus ancienne université des États-Unis est située à Cambridge. L'université de Harvard a été fondée en 1636.

Catégorie : Sport

1. Une publicité de 30 secondes lors du Super Bowl 2023 coûtera environ 7 millions de dollars. Pour le Super Bowl de 2021, le prix d'une demi-minute était de 5,6 millions de dollars.

2. Un énorme 46 001 pompes en une seule journée - c'est un record du monde. Combien peux-tu en faire ?

3. Miguel Indurain, vainqueur du Tour de France, a un rythme cardiaque au repos de 28 battements par minute. La fréquence cardiaque moyenne au repos est de 60 à 80 battements par minute.

4. En moyenne, un match de football dure trois heures. Cependant, la durée réelle de déplacement du ballon n'est que de onze minutes.

5 Le nom de club sportif le plus répandu dans le monde est "Dynamo".

6 Le joueur de basket-ball le plus petit de la NBA était Tyrone Bogues, qui ne mesurait que 160 cm.

7 Nous perdons 3 kg de muscles tous les 10 ans. C'est pourquoi il est important d'y remédier rapidement.

8 Le muscle le plus fort de ton corps est le muscle masséter. Il a une force de morsure de 80 kg.

9 L'Éthiopien Abebe Bakila a remporté la médaille d'or en course à pied aux Jeux olympiques de 1960. Il ne portait pas de chaussures pendant la compétition.

10 En parlant de pieds nus, parce que la FIFA n'autorisait pas l'équipe nationale indienne à jouer pieds nus, le pays a annulé sa participation à la Coupe du monde de 1950.

11 La couleur des maillots est importante : 15 des 18 derniers champions de la NFL ont porté des maillots blancs en finale. Plus récemment, deux fois de suite !

12 Les cyclistes professionnels se rasent souvent les jambes. Ils gagnent ainsi une seconde par tranche de 10 km.

Catégorie : Nourriture et boissons

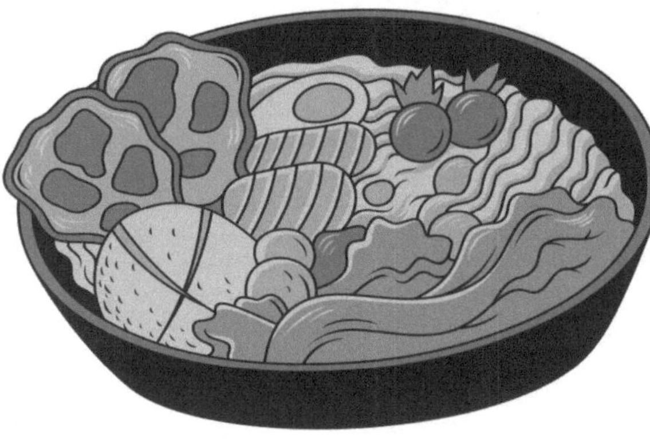

1. Les sachets de thé sont fabriqués à partir des fibres des feuilles du bananier.

2. Il y a plus de personnes en surpoids que de personnes en sous-poids dans le monde.

3. Un concombre est composé à 96 % d'eau. Une pastèque, en revanche, est composée de 92 % d'eau.

4. Les biscuits chinois ont été inventés aux États-Unis.

5 Plus tu es ivre, plus tu trouves les autres laids. Tu ne peux donc pas te faire belle ou beau en buvant.

6 Le coca peut être utilisé pour dissoudre la rouille.

7 Les fraises sont maintenant cultivées au Groenland. Le changement climatique est en cause.

8 Les États-Unis sont le deuxième plus grand consommateur de chocolat au monde, après la Suisse. L'Américain moyen mange environ 19,8 livres de chocolat par an, soit environ 3 barres de chocolat par semaine.

9 Le cerveau humain réagit au sucre de la même manière qu'à la cocaïne.

10 TIl y a quatre fois plus de vitamine C dans 100 g de salami que dans 100 g de pomme.

11 Les esquimaux utilisent des réfrigérateurs pour empêcher leurs aliments de geler.

12 L'État de Floride est le premier producteur d'oranges aux États-Unis et le deuxième au monde (après le Brésil).

Catégorie : Autour du monde

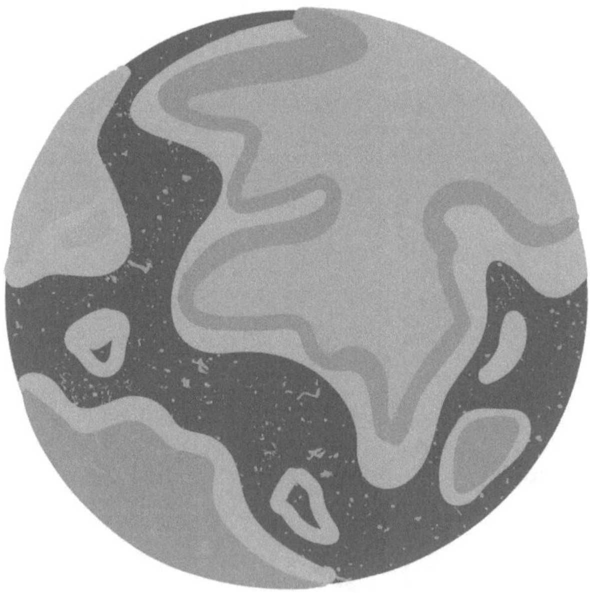

1 Hambourg compte plus de 2 500 ponts. C'est plus que Venise et Amsterdam réunies.

2 Environ 3 000 dollars sont jetés chaque jour dans la fontaine de Trevi à Rome.

3 Il y a plus d'Irlandais vivant en dehors de l'Irlande qu'en Irlande même. La plupart d'entre eux vivent aux États-Unis.

4 Il faudrait 18 mois pour parcourir toute la longueur de la Grande Muraille de Chine.

5 Au Tadjikistan, le monosourcil (sourcils continus) est considéré comme l'idéal de beauté ultime.

6 Il y a des machines à or à Dubaï. Tu peux en tirer de vrais lingots d'or si tu as la monnaie.

7 Oimjakon, en Russie, est l'endroit habité le plus froid du monde. Il y fait jusqu'à -70 degrés en hiver.

8 Le pays du Liechtenstein ne fait que 4 km de large et 25 km de long. Tu peux donc en faire le tour en une journée.

9 En moyenne, les Français mangent environ 500 escargots par an. C'est plutôt dégoûtant, n'est-ce pas ?

10 Il y a plus de boutiques de kebab à Berlin qu'à Istanbul.

11 Il n'y a pas de moustiques en Islande. Un pays formidable :)

12 Le plus grand pays sans rivière est l'Arabie saoudite.

Catégorie : Mode

1. L'Américain moyen possède 95 vêtements dans son placard (sans compter les chaussettes et les sous-vêtements). En as-tu autant ou plus ?

2. 7 000 litres d'eau sont utilisés pour produire une paire de jeans.

3. Le logo de Nike n'a coûté que 35 dollars à la société. C'est un étudiant qui l'a dessiné en 1971.

4. Coco Chanel n'est qu'un nom de scène. Le vrai prénom de la célèbre créatrice de mode était Gabrielle.

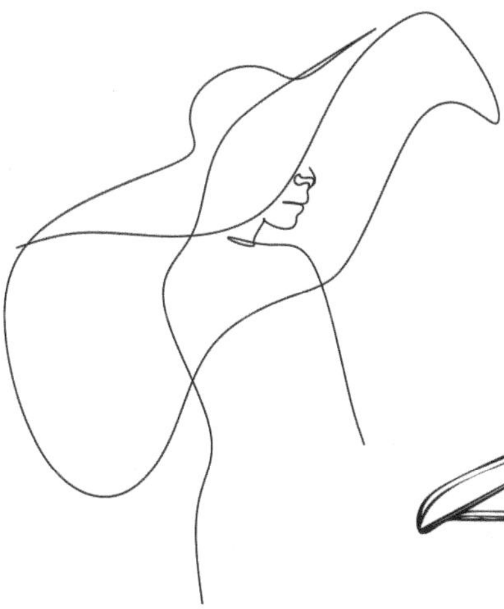

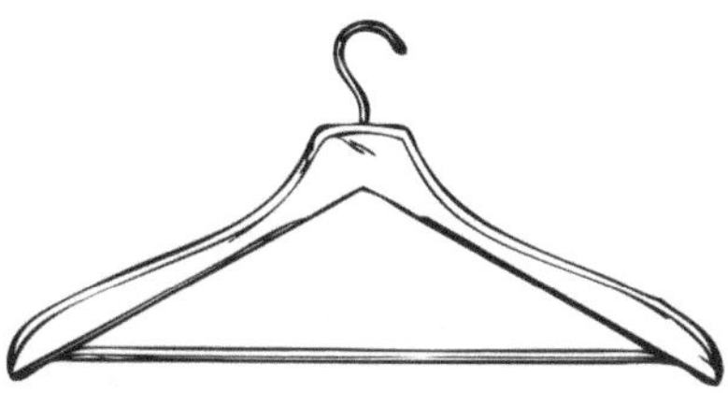

5 Il y a plus de 100 semaines de la mode chaque année. Les plus importantes se déroulent à New York, Milan et Paris.

6 Une femme moyenne achètera 145 sacs à main au cours de sa vie.

7 Il faut 200 ans pour qu'un vêtement en polyester soit complètement biodégradable.

8 La guanine est utilisée comme ingrédient dans les ombres à paupières ou les vernis à ongles chatoyants. C'est une écaille de poisson.

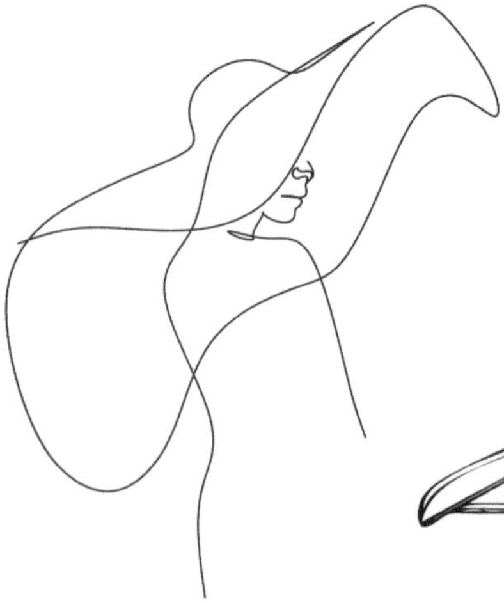

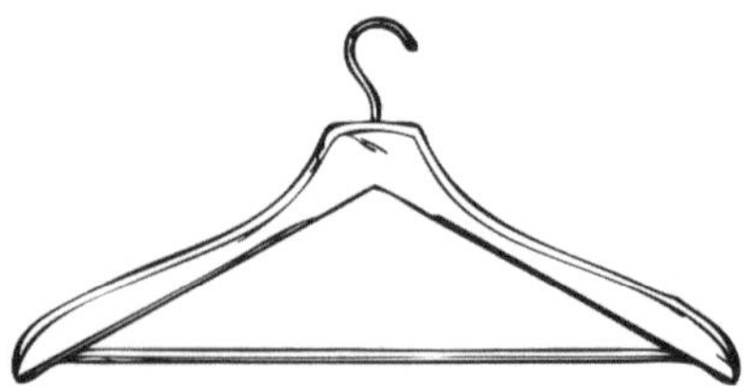

9 La première paire de jeans Levi's a été vendue en 1853 pour 6 dollars, ce qui représentait beaucoup d'argent à l'époque.

10 74 % des créateurs sont des femmes.

11 La marque de mode la plus précieuse au monde est Louis Vuitton, avec une valeur de marque de 36,8 milliards de dollars.

12 À la Renaissance, il était considéré comme beau de ne pas avoir de sourcils. À cette époque, on les rasait tout simplement. Il suffit de regarder le tableau de la Joconde.

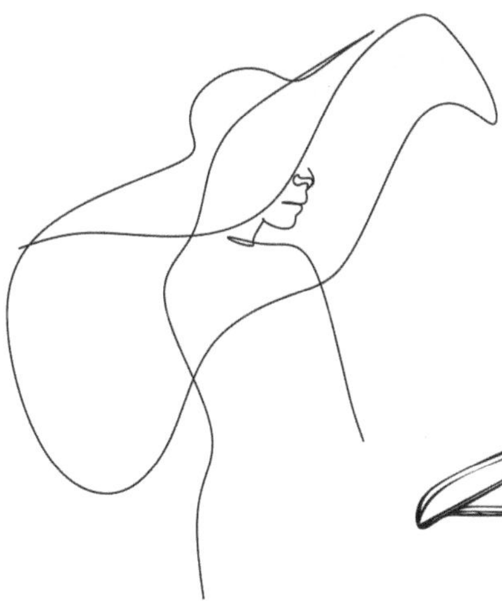

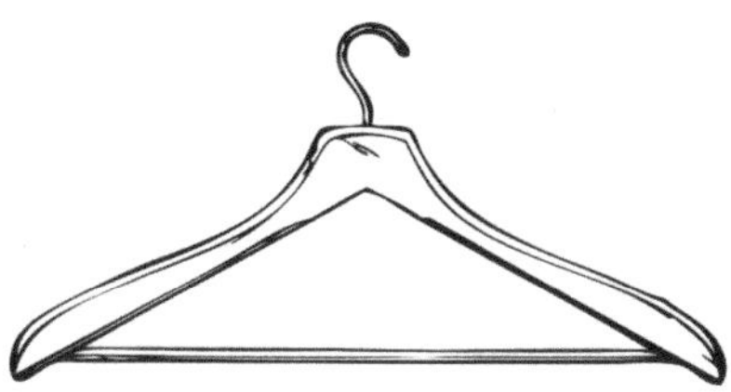

Catégorie : Technique

1. Le premier réveil jamais inventé ne pouvait se déclencher qu'à une seule heure - 4 heures du matin.

2. Le premier feu de circulation au monde a été installé à Londres en 1868. Comme il fonctionnait au gaz, il a fini par exploser.

3. Le premier appareil photo mettait 8 heures à prendre une photo. C'est pourquoi personne ne riait sur les photos à l'époque.

4. Plus de 90 % de l'argent dans le monde est aujourd'hui uniquement numérique.

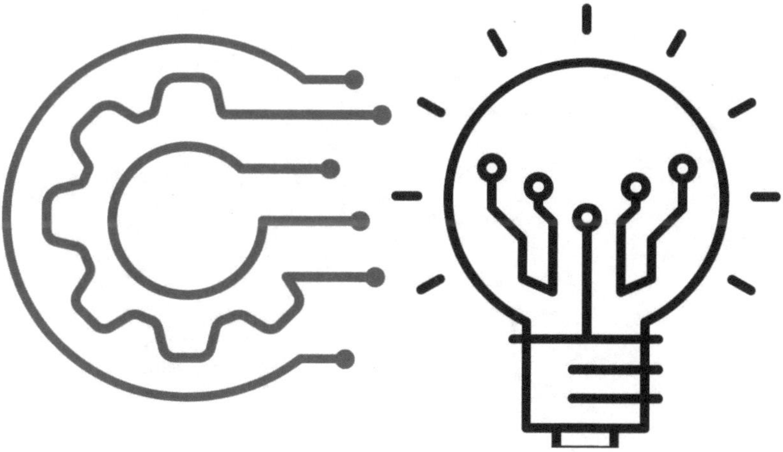

5 Tu vis toujours dans le passé. Parce qu'il y a 80 millisecondes entre ce qui se passe et ta conscience.

6 Ta vitesse de lecture sur un écran est environ 10 % plus lente que sur une feuille de papier.

7 Microsoft et Google ont une chose en commun. Ils ont tous deux démarré dans un garage.

8 Le groupe Amazon a été fondé par Jeff Bezos sous le nom de Cadabra Inc.

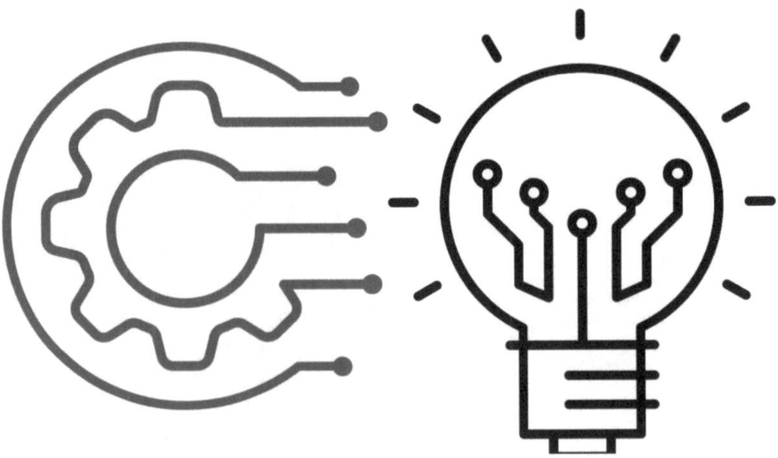

9 Il y a plus de téléphones portables que de toilettes : Environ 6 milliards de personnes ont un téléphone portable, alors que seulement 4,5 milliards ont des toilettes.

10 Le terme robot est dérivé du terme tchèque désignant le travail forcé.

11 Le terme robot est dérivé du terme tchèque désignant le travail forcé.
En 1974, le premier lecteur de code-barres a été mis en service. Le premier produit scanné a été un paquet de chewing-gums.

12 Les chirurgiens qui ont joué fréquemment à des jeux vidéo dans leur jeunesse font 37 % d'erreurs en moins que le groupe de comparaison.

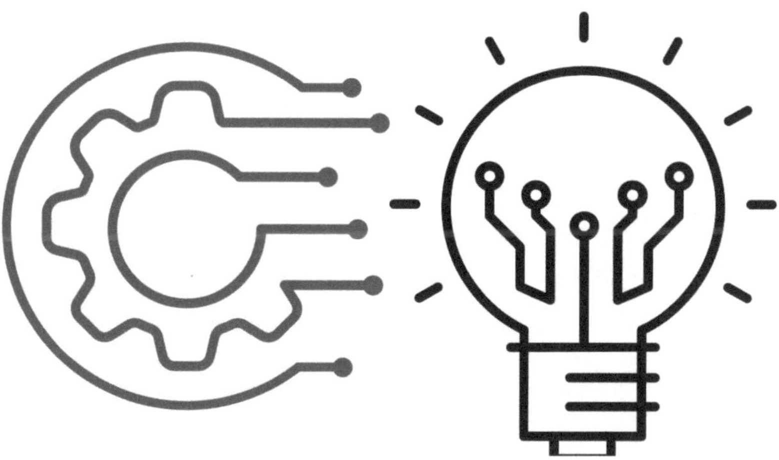

Catégorie : parents et enfants

1. En moyenne, un enfant de 4 ans pose 437 questions par jour. C'est beaucoup, n'est-ce pas ?

2. Les nouveau-nés ne peuvent pas encore pleurer avec des larmes. Cela ne fonctionne pas avant 3 semaines environ.

3. Les nouveau-nés sont daltoniens et ont généralement une vision floue.

4. Les premiers-nés obtiennent souvent de meilleurs résultats aux tests de QI que les deuxièmes ou troisièmes naissances.

5 Le père le plus âgé avait 96 ans lorsque son enfant est né.

6 À Bali, les bébés n'ont pas le droit de toucher le sol avant l'âge de 3 mois pour des raisons religieuses.

7 Les enfants dont les parents sont stricts sont plus enclins à mentir parce qu'ils ont peur de dire la vérité.

8 À ce jour, il n'existe pas de test de paternité qui permette de déterminer clairement qui est le père lorsque celui-ci est un vrai jumeau.

9 Les jeunes frères et sœurs prennent souvent plus de risques et pratiquent davantage de sports extrêmes que leurs aînés.

10 En moyenne, les frères et sœurs se disputent environ 3,5 fois par heure.

11 Les enfants naissent sans rotule. Elle ne se forme que pendant les 3 premières années.

12 À 7 mois, les bébés peuvent respirer et avaler en même temps. Essaie.

Catégorie : Animaux

1. Les flamants roses ne sont pas roses par nature. Ils deviennent roses uniquement parce qu'ils mangent des crabes.

2. Les dauphins donnent à leurs amis des noms individuels lorsqu'ils les appellent.

3. Les tigres n'ont pas seulement une fourrure rayée, ils ont aussi une peau rayée.

4. Les fourmis sont de véritables animaux de travail, car elles ne dorment jamais.

5 Les homards ont le sang bleu. Les insectes ont un sang jaune et les mammifères un sang rouge.

6 Un cafard peut même survivre pendant une semaine sans sa tête. C'est plutôt effrayant, non ?

7 Les chats dorment beaucoup. Ils passent environ les deux tiers de leur vie à dormir.

8 Les libellules ont une durée de vie très courte. En moyenne, elles ne vivent que 24 heures.

9 Les calmars ont trois cœurs.

10 Les moules ont deux sexes et peuvent changer de sexe plusieurs fois dans leur vie.

11 Un œuf tous les jours ? Pas tout à fait. Les poules pondent en moyenne 300 œufs par an.

12 En moyenne, il y a environ 6 milliards d'acariens dans un matelas. Miam miam !

Catégorie : Influenceur

1 Les influenceurs qui ont le plus de succès sur YouTube sont T-Series, Mr. Beast et Cocomelon.

2 Les influenceurs qui ont le plus de succès sur Instagram sont Kylie Jenner et Selena Gomez.

3 Tu peux commencer à gagner de l'argent avec seulement 1 000 followers. Car à ce moment-là, tu es considéré comme un micro-influenceur.

4 Déjà, 20 % des internautes ont acheté quelque chose parce qu'un influenceur en a fait la promotion.

5 Travailler avec des influenceurs est particulièrement lucratif pour les entreprises. Pour chaque dollar américain qu'elles dépensent en publicité d'influenceurs, elles récupèrent 5,61 dollars.

6 Chiara Ferragni a une valeur estimée à 11 millions de dollars.

7 70 % des jeunes font davantage confiance aux influenceurs qu'aux stars traditionnelles.

8 Certaines entreprises sont elles-mêmes des influenceurs. Red Bull, par exemple, compte plus de 5 millions d'abonnés sur YouTube.

9 Les marques de mode les plus populaires sur Instagram sont Fashion Nova, Zara et LiketoKnow.it.

10 Kayla Itsines est l'une des influenceuses de fitness les plus précieuses aux États-Unis : 16 millions de personnes la suivent sur Instagram.

11 Barack Obama est celui qui a le plus de followers en politique. 36,7 millions de personnes le suivent sur Instagram.

12 Ryan Kaji est l'un des plus jeunes influenceurs au monde. À l'âge de 8 ans, il gagnait déjà 26 millions de dollars par an grâce à sa chaîne YouTube.

Catégorie : Puberté

1. De nos jours, les filles atteignent la puberté vers 10 ans et les garçons vers 12 ans. Le surpoids peut provoquer un début de puberté plus précoce.

2. Au 19e siècle, les filles avaient leurs premières règles à l'âge de 17 ans en moyenne. Aujourd'hui, elles le font à l'âge de 13/14 ans. La raison en est l'amélioration du niveau de vie.

3. La plupart des animaux connaissent également la puberté. Les requins du Groenland le font assez tardivement. Ils ne deviennent sexuellement matures qu'à l'âge de 150 ans environ.

4. Les chercheurs ont constaté que les chiens deviennent moins obéissants pendant la puberté. Cela te rappelle quelque chose ?

5 La plupart des animaux qui atteignent la puberté rompent complètement le contact avec leurs parents.

6 Pendant l'adolescence, le cerveau humain est en pleine construction. Certaines zones du cerveau se développent, se reconnectent ou se ferment complètement.

7 En raison des changements dans le cerveau, les adolescents sont souvent plus impulsifs et prennent plus de risques que les adultes.

8 Les jeunes sont fatigués en permanence car la somnolence naturelle se déplace vers minuit. Ceux qui sont réveillés tôt dorment alors trop peu.

9 En moyenne, la puberté dure jusqu'à l'âge de 21 ans. Pour beaucoup, c'est le moment où la croissance de la taille est terminée.

10 Il n'y a pas que les garçons qui ont la voix plus grave. Ce changement peut également être observé chez les filles. Mais pas dans la même mesure.

11 L'acné n'est pas causée par une alimentation malsaine ou une mauvaise hygiène. Ce sont les hormones qui sont à blâmer, car elles produisent trop de sébum et bouchent les pores.

12 Les adolescents transpirent plus souvent pendant la puberté. Cela est également dû aux hormones.

Catégorie : Médecine

1. Certaines personnes portent leur cœur du côté droit. Cela concerne environ 1 % de la population.

2. Nous rétrécissons au cours de la journée. Le soir, nous sommes environ 2 cm plus petits que le matin car les disques de la colonne vertébrale sont comprimés.

3. Il existe également de nombreux troubles anxieux étrangement connus. La caligynephobie est la peur des belles femmes.

4. Il n'y a pas que les gens qui peuvent être allergiques aux chats. Aussi, 0,5 % de tous les chats domestiques sont allergiques aux humains.

5 Environ 1 milliard de bactéries vivent sur les dents non brossées. Plutôt dégoûtant, n'est-ce pas ?

6 Le pouce a la même longueur que le nez. Mesure-le !

7 Le cerveau humain a une capacité de stockage d'environ 4 téraoctets.

8 Parfois, les gens meurent lorsqu'ils se coupent avec du papier. La raison en est l'infection de la coupure et l'empoisonnement du sang qui s'ensuit.

9 Lorsqu'une personne naît, son corps compte 300 os. À l'âge adulte, il n'en a plus que 206. Au cours de la vie, certains os fusionnent.

10 Les hommes ont 10 fois plus de chances d'être daltoniens que les femmes.

11 Les asticots sont parfois utilisés à des fins médicales. Ils mangent la vieille chair des plaies ouvertes et aident la plaie à cicatriser.

12 Tes ongles de mains poussent trois fois plus vite que tes ongles de pieds.

Catégorie : Corona

1 Corona est un mot espagnol qui signifie couronne. Le pathogène présente une sorte de couronne au microscope. D'où son nom.

2 Pendant la crise de la couronne, les prévisions météorologiques étaient moins précises. La raison en était le manque d'avions dans le ciel. Ces derniers fournissent des données météorologiques aux météorologues.

3 Pendant le verrouillage de Corona, le trafic de WhatsApp a augmenté de 500 %.

4 La part du commerce électronique passera de 13,4 % en 2019 à 18,3 % en 2021, ce qui accélérera la tendance des achats en ligne pendant la pandémie.

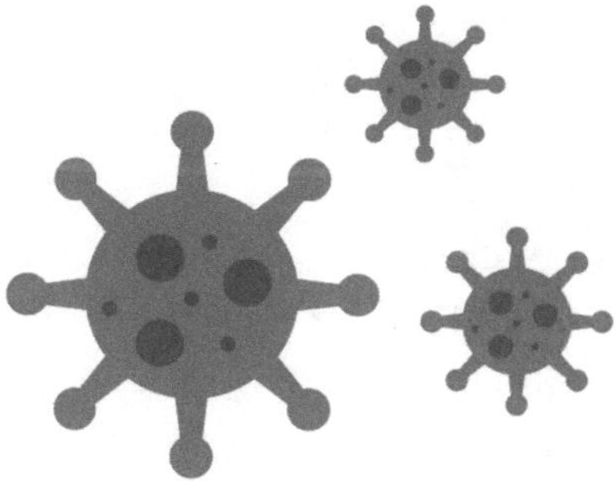

5 La qualité de l'air s'étant améliorée pendant la pandémie, il a été possible de voir l'Himalaya depuis l'Inde. La distance qui les sépare est d'environ 200 km à vol d'oiseau.

6 Pendant la pandémie, la demande de chiots a considérablement augmenté. Les gens restant à la maison et travaillant à domicile, de nombreuses familles ont décidé d'adopter un chien.

7 En raison du confinement, la consommation d'eau résidentielle aux États-Unis a chuté de 10 %. Apparemment, les gens ont pris moins de douches :)

8 En raison de la mobilité réduite pendant la pandémie, il y a eu 26 % d'accidents de la circulation en moins sur les routes.

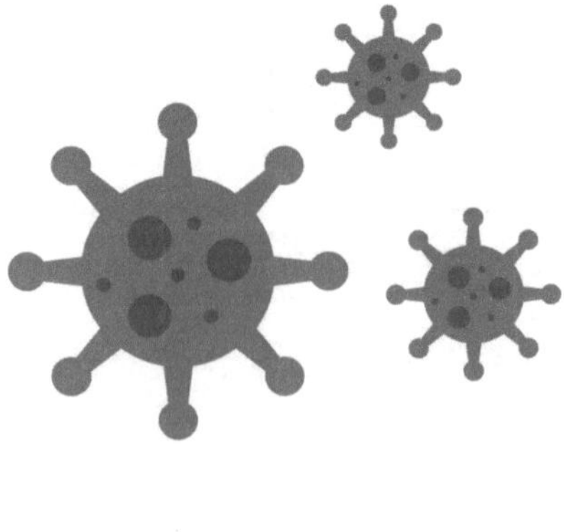

9 Le travail à domicile peut réduire les gaz à effet de serre de 54 millions de tonnes. Il y a maintenant une raison de travailler à la maison.

10 Le mot de l'année 2020 était Covid.

11 Cette pandémie a entraîné une augmentation des maladies mentales. Rien qu'en 2020, les cas de dépression et d'anxiété augmenteront de 25 %.

12 10 % de toutes les personnes aux États-Unis font plus de vélo qu'avant la crise.

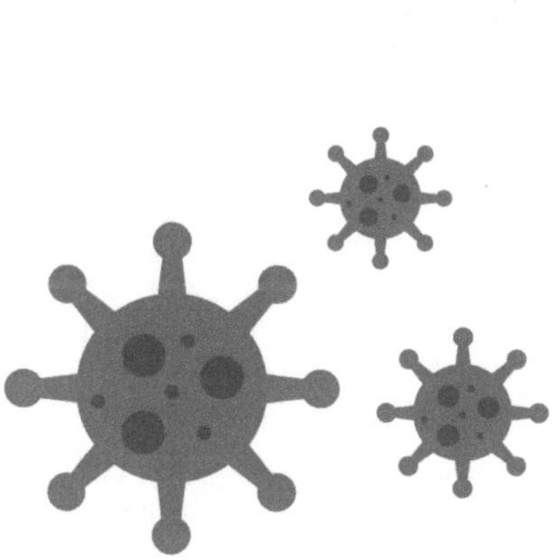

Catégorie : Vie quotidienne

1. Chaque jour, 27 000 arbres sont jetés dans les toilettes sous forme de papier hygiénique.

2. Une feuille de papier ne peut être pliée en deux plus de 9 fois. Pourquoi n'essaies-tu pas ?

3. Les êtres humains ne respirent que par une seule narine à la fois. La narine par laquelle nous respirons change environ toutes les 15 minutes.

4. Il n'est pas possible de garder les yeux ouverts quand on éternue.

everyday

5 Statistiquement, les hommes mariés ont tendance à dormir du bon côté du lit.

6 En moyenne, 100 personnes par an s'étouffent avec un stylo à bille.

7 La paroi de l'estomac le protège de la digestion.

8 Chaque année, des milliers de gauchers sont tués par des objets pour droitiers.

everyday

9 Environ 85 % des gens peuvent faire rouler leur langue. Le peux-tu ?

10 Selon une étude, 90 % des femmes qui entrent dans un grand magasin tournent à droite.

11 40 % des hommes, mais seulement 16 % des femmes, s'assoient sur le siège des toilettes dans les toilettes publiques.

12 D'un point de vue anatomique, les humains ne peuvent pas dormir les yeux ouverts.

everyday

Catégorie : Univers

1. Comparée à la Terre, la Lune est minuscule. Elle a à peu près le même volume que l'océan Pacifique.

2. Par rapport au soleil, notre terre est une petite bête. En effet, la Terre entre plus d'un million de fois dans le soleil.

3. Sans combinaison, une personne ne pourrait survivre dans l'espace que pendant environ 2 minutes.

4. La terre tourne autour du soleil plus lentement chaque année. Par conséquent, chaque année sera plus longue d'une seconde que l'année précédente.

5 La Terre est la seule planète où le feu peut brûler. C'est parce qu'il n'y a pas assez d'oxygène sur les autres planètes.

6 À l'exception de la Terre, toutes les planètes de notre système solaire ont été nommées d'après un dieu.

7 La lumière met 8 minutes pour aller du soleil à la terre.

8 Notre soleil est en fait blanc. Ce n'est qu'à travers l'atmosphère qu'il apparaît jaune à nos yeux.

9 Une combinaison spatiale coûte en moyenne 11 millions de dollars.

10 Les empreintes de pas sur la lune ne peuvent pas disparaître car il n'y a pas de vent pour remuer le sable.

11 Dans 7,4 milliards d'années, le soleil avalera la Terre alors que sa surface continue de s'étendre.

12 Dans l'espace, c'est le silence total. C'est parce qu'il y a du vide.

Catégorie : Travail

1. Il existe de nombreuses professions étranges dans le monde. L'une d'entre elles est celle d'écrivain de biscuits de fortune.

2. Le pilote et le copilote ne mangent jamais la même chose à bord. Ainsi, ils ne peuvent pas tous les deux attraper une intoxication alimentaire.

3. Si tu travailles 40 heures par semaine jusqu'à l'âge de 65 ans, tu auras travaillé 90 000 heures au cours de ta vie.

4. Le lundi est le jour de maladie le plus fréquent de la semaine de travail.

5 La semaine de travail standard aux Pays-Bas n'est que de 30 heures. C'est une bonne raison d'émigrer, non ?

6 25 % du temps de travail est consacré par les employés de bureau à lire et à répondre aux courriels.

7 Le mardi est statistiquement le jour le plus productif de la semaine.

8 Les employés bien reposés qui dorment entre 7,5 et 9 heures par nuit sont 20 % plus productifs.

9 Une hydratation adéquate peut augmenter la productivité des travailleurs de 14 %.

10 Environ 40 % de toutes les réunions dans les entreprises américaines sont jugées improductives par les participants. Quelle perte de temps, n'est-ce pas ?

11 Un employé sur cinq a déjà démissionné en interne.

12 Un employé sur trois se sent épuisé et travaille au bout du rouleau. C'est une bien triste réalité.

Catégorie : Histoire

1 Pendant la Seconde Guerre mondiale, il était possible de se marier même si l'un des partenaires n'était pas présent. L'homme qui a fait la guerre était symboliquement remplacé par un casque en acier lors de la cérémonie de mariage.

2 Aux États-Unis, les enfants pouvaient être envoyés par la poste jusqu'en 1914.

3 Dans l'Antiquité, un gymnase n'était pas une école, mais un lieu où l'on pratiquait la gymnastique à poil.

4 Si une femme allemande épousait un étranger avant 1953, elle perdait automatiquement sa nationalité allemande.

5 Une pluie constante d'avril à novembre, cela semble terrible ? C'est pourtant ce qui s'est passé dans une grande partie de l'Europe en 1315.

6 La Tour Eiffel a été construite en 1889 pour l'Exposition universelle. À l'origine, elle devait être démolie à ce moment-là.

7 Les talons hauts étaient autrefois portés uniquement par les hommes pour paraître plus grands. Ce n'est qu'au 17ème siècle que les femmes ont commencé à porter des chaussures à talons.

8 Cléopâtre était grecque et non égyptienne.

9 En 1664, la Nouvelle Amsterdam a été rebaptisée New York. C'est toujours le nom de la ville aujourd'hui.

10 La couleur de l'amour au Moyen Âge était le vert.

11 En 1867, les États-Unis ont acheté l'État de l'Alaska à la Russie pour 7,2 millions de dollars.

12 Adolf Hitler a été nommé "personne de l'année" par le magazine Time en 1938.

Category: France

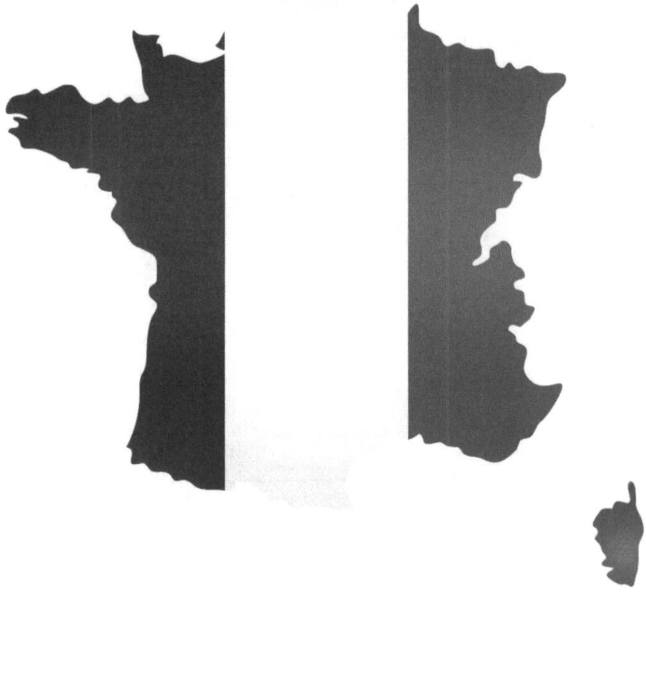

1. En raison de sa forme, la France est également connue sous le nom d'Hexagone, et les Français utilisent souvent ce surnom lorsqu'ils parlent de leur pays.

2. La gastronomie française est reconnue comme patrimoine culturel de l'Unesco.

3. Les Français mangent environ 25 000 tonnes d'escargots par an, soit environ 6,5 escargots par personne et par an, généralement cuisinés dans du beurre à l'ail, du bouillon de poule ou du vin.

4. Les Français consomment environ 40 litres de vin par personne et par an.

5 La France produit plus de 1600 sortes de fromages différents. De nombreux types différents sont produits tels que les fromages à pâte molle, à pâte persillée, à pâte dure, etc.

6 Mettre une baguette à l'envers porte malheur Cette superstition remonte probablement à l'époque médiévale.

7 Les croissants ont été inventés en Autriche. En effet, le croissant est une pâtisserie de style viennois, qui fait bien sûr référence à la ville autrichienne de Vienne connue pour être le berceau du croissant, il se décline sous différentes formes et tailles.

8 Le chemin de fer français est le deuxième plus grand d'Europe.
Avec une longueur totale de 29 000, le réseau ferroviaire français est le deuxième d'Europe (derrière l'Allemagne) et le neuvième du monde.

9 En 1910, une loi a été introduite en France interdisant de s'embrasser dans les gares, en particulier sur les quais, afin d'éviter les retards et les gares surchargées.

10 Le téléphone-appareil photo a été inventé en France en 1997 par un Parisien entreprenant appelé Philippe Kahn - un fait français très surprenant.

11 Le Louvre à Paris est le musée d'art le plus visité au monde.
En 2019, un record de 10,2 millions de personnes ont visité le musée du Louvre à Paris.

12 C'est la France qui a remporté le plus de prix Nobel de littérature. (Environ 14 fois)

Catégorie : fun

1. En suédois, la mère s'appelle Mor. Ensuite, la grand-mère s'appelle Mormor et l'arrière-grand-mère Gammelmormor.

2. Lorsque les vaches mangent beaucoup de carottes, leur lait devient rose.

3. Les Froot Loops ont tous la même saveur malgré leurs différentes couleurs.

4. Le pape possède le compte Twitter le plus influent.

5 En néerlandais, la chenille est appelée "Rupsje Nooitgenoeg". Ça a l'air super mignon, non ?

6 Les phoques peuvent rire pendant des heures avec leurs amis. Une espèce joyeuse!

7 Le vrai nom de Minnie Mouse est Minerva Mouse. Minnie est donc le diminutif de Minerva.

8 Tu pourrais remplir deux piscines avec la salive que tu produis en une vie. C'est délicieux, non ? :)

9 Il est illégal de siffler sous l'eau en Floride. As-tu déjà essayé ?

10 Si une personne continuait à grandir au même rythme que pendant la première année de sa vie, à la fin de la phase de croissance, elle mesurerait environ cinq mètres.

11 À Daytona (États-Unis), tu n'as pas le droit de harceler sexuellement les poubelles.

12 L'animal héraldique de l'Écosse est la licorne.

Catégorie : Football

1. Seuls 8 pays dans le monde ont jamais remporté la Coupe du monde. Le plus grand nombre est le Brésil avec 5 titres.

2. Ce n'est qu'en 1896 qu'un terrain de football en Allemagne devait être dépourvu d'arbres.

3. En moyenne, un joueur de football court 11 kilomètres pendant les 90 minutes d'un match.

4. Le football a été inventé entre 206 avant J.-C. et 220 après J.-C. en Chine.

5 Le trophée du vainqueur de la Coupe du monde est si précieux qu'il doit être rendu à la FIFA après la cérémonie de victoire. Les joueurs reçoivent une réplique.

6 Les joueurs de football professionnels ont trois fois plus de risques de développer une démence que la population générale. Cela s'explique par le nombre élevé de coups de tête qui peuvent endommager le cerveau.

7 Le carton rouge a été introduit pour la première fois lors de la Coupe du monde de 1970 au Mexique.

8 Le Bayer Leverkusen s'appelle "Neverkusen" en Angleterre et "las Aspirinas" (d'après l'aspirine, un analgésique) en Espagne.

9 Le trophée du championnat DFB a une valeur matérielle de 25 000 €.

10 Le Real Madrid n'a pas perdu un match à domicile depuis 8 ans et 8 jours. Seul le FC Barcelone a battu ce record.

11 Il existe un musée Cristiano Ronaldo à Funchal, dans l'île de Madère. C'est Christiano Ronaldo lui-même qui l'a inauguré en 2013.

12 Le surnom de l'équipe nationale australienne est Socceroos.

Catégorie : Fête

1. La plus longue soirée dansante de tous les temps a duré 55 heures et s'est déroulée à Wexford, en Irlande.

2. Les confettis remontent au 18ème siècle. À l'époque, les gens lançaient de petits morceaux de bonbons lors des fêtes. Aujourd'hui, on lance des bouts de papier.

3. Depuis le 14e siècle, le nouvel an est célébré avec des bruits forts. À l'origine, les gens voulaient faire fuir les mauvais esprits de l'année précédente le soir du réveillon.

4. La plus grande fête du thé jamais organisée s'est déroulée à Indore, en Inde, avec 32 681 buveurs de thé.

5 Le sultan de Brunei a dépensé 27,2 millions de dollars pour sa propre fête d'anniversaire de 50 ans - 16 millions de dollars ont été versés à Michael Jackson pour sa prestation.

6 La tradition de mettre des bougies sur un gâteau vient des Grecs. Ils voulaient créer un effet lumineux pour leurs gâteaux en forme de lune. Des bougies ont donc été ajoutées.

7 Le record du monde de la danse du limbo est de 16,5 cm de hauteur de perche.

8 Un bouchon de champagne peut jaillir d'une bouteille à une vitesse allant jusqu'à 40 km/h.

9 Toute personne qui fête ses 100 ans en Allemagne reçoit une carte de félicitations de la part du président fédéral.

10 Si tu veux flirter lors d'une soirée, parle de voyages. Statistiquement, c'est le sujet de flirt qui a le plus de succès.

11 Statistiquement, le temps est généralement plus mauvais le week-end qu'en semaine. D'une certaine façon, nous l'avons toujours su, n'est-ce pas ?

12 S'il y a plus de 23 invités à une fête, il y a plus de 50 % de chances que deux d'entre eux aient leur anniversaire le même jour.

Catégorie : Jeux vidéos

1 À l'origine, Super Mario devait s'appeler autrement. La première version de son nom était M. Vidéo. Ensuite, il a été rebaptisé Jumpman. Enfin, le directeur de Nintendo l'a appelé Super Mario.

2 Un jeu dans Animal Crossing pour Game Cube peut prendre jusqu'à 29 ans. Qui a autant de temps ?

3 Le jeu d'ordinateur le plus vendu est Tetris. Le jeu en ligne le plus vendu est Minecraft.

4 Johan Sundstein, du Danemark, est le joueur en ligne le mieux payé. Il a gagné un total de 7 millions de dollars en tournois.

5 Le mot "fuck" est souvent utilisé dans Grand Theft Auto : San Andreas. Tu l'entends 365 fois.

6 Le jeu "Final Fantasy" a été nommé ainsi parce que l'inventeur pensait que ce serait le dernier jeu de sa société en faillite. Ce fut une erreur :).

7 Luigi, le copain de Super Mario, s'appelle ainsi parce que le nom est dérivé du mot japonais "ruiji", qui signifie similaire.

8 Dans le jeu Borderlands, il y a plus de 16 millions d'armes que tu peux collectionner.

9 Snake a été le premier jeu mobile au monde.

10 Il existe 896 Pokémon différents et 18 types de Pokémon.

11 La Playstation 2 est la console la plus vendue de tous les temps. Près de 157 millions d'unités ont été vendues dans le monde.

12 Les joueurs allemands sont en tête lorsqu'il s'agit du temps passé à jouer. En moyenne, les joueurs passent 8 heures par semaine à jouer.

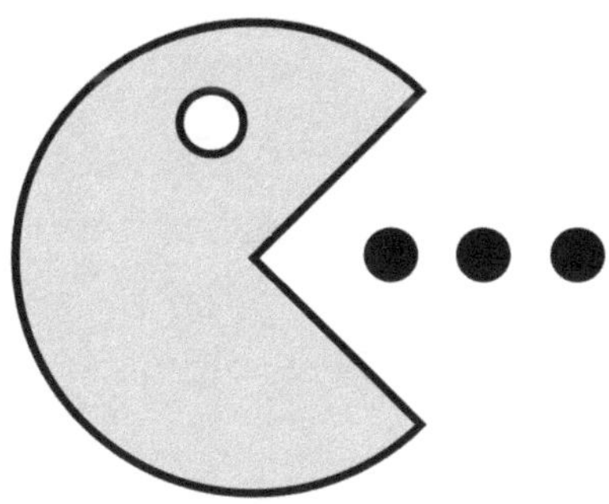

Catégorie : Records

1. Le plus long hoquet du monde a duré 68 ans. En 1922, Charles Osborne a eu le hoquet et il n'est jamais parti.

2. La plus longue barbe du monde mesure 2 495 mètres et appartient à Sarwan Singh, du Canada.

3. Le plus grand château de sable du monde mesure 21,16 mètres de haut. Il a été construit au Danemark avec 4 860 tonnes de sable.

4. L'Allemand Thomas Jeromin a installé 444 sapins de Noël décorés dans son appartement.

5 Le plus long gâteau du monde mesurait 734,08 mètres de long et a été cuit par des étudiants de la Philipp-Reiss-Schule de Lichtenberg.

6 La brochette de kebab la plus lourde du monde pesait 423,5 kilogrammes et a été fabriquée à Berlin en 2017.

7 Le record pour retenir son souffle est de 19 minutes et 21 secondes. C'est le Suisse Peter Colat qui a établi ce record en 2010.

8 C'est l'Italien Tazio Gavioli qui a fait le plus de tractions avec ses petits doigts. Il en a fait exactement 36, en se tenant à la barre avec seulement ses petits doigts.

9 Le Japonais Kenichi Ito a besoin de 15,71 secondes pour parcourir 100 m à quatre pattes. Il détient le record du monde de la course la plus rapide sur les mains et les pieds.

10 Charlotte Lee possède la plus grande collection de canards en caoutchouc au monde. Elle possède 5 361 canards en caoutchouc différents.

11 Le DJ le plus âgé du monde est une femme et elle a 85 ans. DJ Sumirock joue à Tokyo.

12 Les ongles les plus longs mesuraient 8,65 mètres et appartenaient à Lee Redmond des États-Unis.

Catégorie : lois folles

1. Au Bhoutan, le frère cadet n'a pas le droit d'avoir des relations sexuelles si le frère aîné est vierge.

2. À Hawaï, il est illégal de mettre des pièces de monnaie dans ton oreille.

3. À Détroit, dans le Michigan, il est interdit aux hommes de regarder leur femme en louchant le dimanche.

4. En Suisse, tu n'as pas le droit de tirer la chasse d'eau après 22 heures pour ne pas déranger tes voisins.

5 À Singapour, le chewing-gum n'est autorisé que sur prescription médicale.

6 À Dubaï, les couples n'ont pas le droit de s'embrasser ou de se tenir la main en public.

7 Les œufs surprises sont interdits aux États-Unis. La raison en est de protéger les enfants contre l'ingestion de petits jouets.

8 En Allemagne, tu peux conduire une voiture nue, mais tu ne peux pas en sortir nu.

9 En Thaïlande, il est interdit de se tenir debout sur de l'argent. En effet, le roi est représenté sur les billets de banque.

10 En Grèce, si tu sors tes fesses nues d'une voiture, tu vas en prison.

11 À Singapour, toute personne qui oublie de tirer la chasse d'eau après avoir utilisé les toilettes est passible d'une amende.

12 À Venise, il est interdit de se baigner dans les fontaines, quelles qu'elles soient.

1.Edition

Printed in Poland
by Amazon Fulfillment
Poland Sp. z o.o., Wrocław

32799872R00067